essentials

essentials liefern aktuelles Wissen in konzentrierter Form. Die Essenz dessen, worauf es als „State-of-the-Art" in der gegenwärtigen Fachdiskussion oder in der Praxis ankommt. *essentials* informieren schnell, unkompliziert und verständlich

- als Einführung in ein aktuelles Thema aus Ihrem Fachgebiet
- als Einstieg in ein für Sie noch unbekanntes Themenfeld
- als Einblick, um zum Thema mitreden zu können

Die Bücher in elektronischer und gedruckter Form bringen das Expertenwissen von Springer-Fachautoren kompakt zur Darstellung. Sie sind besonders für die Nutzung als eBook auf Tablet-PCs, eBook-Readern und Smartphones geeignet. *essentials:* Wissensbausteine aus den Wirtschafts-, Sozial- und Geisteswissenschaften, aus Technik und Naturwissenschaften sowie aus Medizin, Psychologie und Gesundheitsberufen. Von renommierten Autoren aller Springer-Verlagsmarken.

Weitere Bände in der Reihe http://www.springer.com/series/13088

Reiner Thiele

Effiziente Faraday-Effekt-Stromsensoren

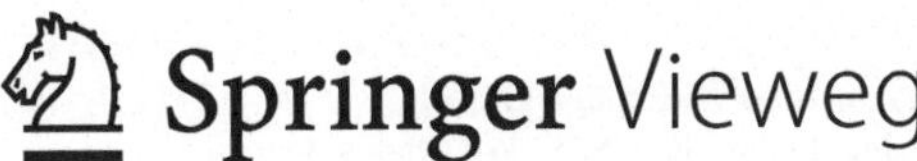

Reiner Thiele
Zittau, Deutschland

ISSN 2197-6708   ISSN 2197-6716   (electronic)
essentials
ISBN 978-3-658-19091-0   ISBN 978-3-658-19092-7   (eBook)
DOI 10.1007/978-3-658-19092-7

Die Deutsche Nationalbibliothek verzeichnet diese Publikation in der Deutschen Nationalbibliografie; detaillierte bibliografische Daten sind im Internet über http://dnb.d-nb.de abrufbar.

Springer Vieweg
© Springer Fachmedien Wiesbaden GmbH 2017

Gedruckt auf säurefreiem und chlorfrei gebleichtem Papier

Springer Vieweg ist Teil von Springer Nature
Die eingetragene Gesellschaft ist Springer Fachmedien Wiesbaden GmbH
Die Anschrift der Gesellschaft ist: Abraham-Lincoln-Str. 46, 65189 Wiesbaden, Germany

Was Sie in diesem *essential* finden können

- Applikation des Jones-Kalküls zur Beschreibung der Sensorfunktion
- Jones-Matrizen für den Vorwärts- und Rückwärtsbetrieb
- Lösungsverhalten spezieller quadratischer Gleichungen
- Faraday-Effekt-Stromsensoren mit Modenmischer oder Koppler und Regelkreis
- Dimensionierungsbeispiele für Signalverarbeitungseinheiten faseroptischer Stromsensoren

Vorwort

Die potenzialgetrennte Messung elektrischer Ströme ohne Eingriff in den Stromkreis der Messgröße stellt ein grundsätzliches Problem der Messtechnik dar.

Dieses Problem wurde durch die hier vorgelegten Erfindungen der Verfahren und Schaltungsanordnungen zweier Faraday-Effekt-Stromsensoren zur Messung elektrischer Ströme mit automatischer Kompensation der Doppelbrechung und streng linearer Beziehung zwischen Messwerten und Messgröße gelöst.

Hierbei handelt es sich um zwei erfindungsgemäße faseroptische Stromsensoren, entweder mit Modenmischer oder optischen Koppler und jeweils einem Regelkreis. Diese Stromsensoren sind extrem aufwandsarm, da sie für ihre Funktion weder Polarisatoren, Spiegel noch Integratoren benötigen.

Diese Sensoren stellen die Weiterentwicklung gegenüber früher vorgestellten Erfindungen zum Thema „Faseroptischer Stromsensor" dar. Sie haben praxisrelevante Eigenschaften, und der Autor sucht deshalb potenzielle Applikatoren.

Reiner Thiele

Inhaltsverzeichnis

Einleitung 1

Die Messung von hohen elektrischen Strömen ohne Eingriff in den Messgrößenkreis stellt ein grundsätzliches Problem der elektrischen Energietechnik dar.

Dieses Problem wird hier durch die Applikation des Faraday-Effektes zur Veränderung linear polarisierten Lichtes in Lichtwellenleitern, induziert durch das den stromführenden Leiter umgebende Magnetfeld, effizient gelöst.

Zwei erfindungsgemäße Schaltungsanordnungen aus wenigen optischen und elektronischen Komponenten stellen dabei jeweils den gewünschten linearen Zusammenhang zwischen Messgröße und Messwert bei automatischer Elimination der störenden Doppelbrechung der Lichtwellenleiter sowie des optischen Kopplers her, die sich ansonsten vermindernd auf die Effizienz dieses Effektes auswirkt.

Es gelten die folgenden fünf Kernaussagen, die den Praxisnutzen deutlich machen:

- Messung hoher elektrischer Ströme ohne Eingriff in den Messgrößenkreis,
- Messung von Strömen beliebigen zeitlichen Verlaufes, insbesondere von Gleich- und Wechselströmen,
- potenzialgetrennte Messung der Ströme durch die Applikation von Lichtwellenleitern,
- linearer Zusammenhang zwischen Messgröße und Messwert,
- Messung des Anteils vieler Unter- und Oberschwingungen im Stromverlauf gegenüber 50 Hz.

© Springer Fachmedien Wiesbaden GmbH 2017
R. Thiele, *Effiziente Faraday-Effekt-Stromsensoren*, essentials,
DOI 10.1007/978-3-658-19092-7_1

Beschreibung der Erfindungen 2

Diese Beschreibung charakterisiert die Eigenschaften der Erfindungen bezüglich des gelösten technischen Problems und den Fortschritt gegenüber dem Stand der Technik.

2.1 Durch die Erfindungen gelöstes technisches Problem

Zur Messung elektrischer Ströme mithilfe von Faraday-Effekt-Stromsensoren wurden vom Autor schon einige grundsätzliche Lösungen erfindungsgemäß beschrieben. Diese Schaltungsanordnungen beruhten auf dem Kompensationsprinzip für Magnetfelder zur Elimination der störenden Doppelbrechung in handelsüblichen Lichtwellenleitern (LWL) und optischen Kopplern. Unter Verwendung des Jones-Kalküls erfolgte der Nachweis der Messgröße in Form des elektrischen Stromes i mithilfe des Faraday-Effektes. Dabei entstand erfindungsgemäß ein linearer Zusammenhang zwischen Messwert i_0 als elektrischer Strom bzw. Messwert u_0 als elektrische Spannung und der Messgröße i, unabhängig von der Doppelbrechung.

Der schaltungstechnische Aufwand an optischen und elektronischen Bauelementen war jedoch erheblich, um die aufgeführten Eigenschaften des Stromsensors zu erreichen.

Mit der in Abb. 2.1 dargestellten erfindungsgemäßen Schaltungsanordnung werden die gleichen Eigenschaften wie bei früheren Erfindungen des Autors, jedoch mit wesentlich geringerem schaltungstechnischen Aufwand und damit geringeren Kosten, erzielt.

© Springer Fachmedien Wiesbaden GmbH 2017
R. Thiele, *Effiziente Faraday-Effekt-Stromsensoren*, essentials,
DOI 10.1007/978-3-658-19092-7_2

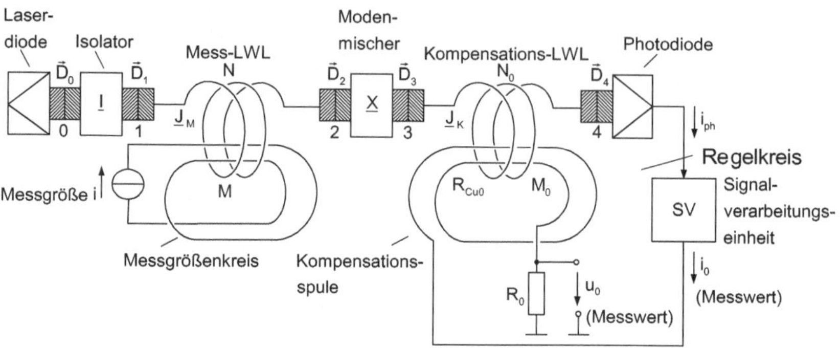

Abb. 2.1   F-Effekt-Stromsensor mit Modenmischer und Regelkreis

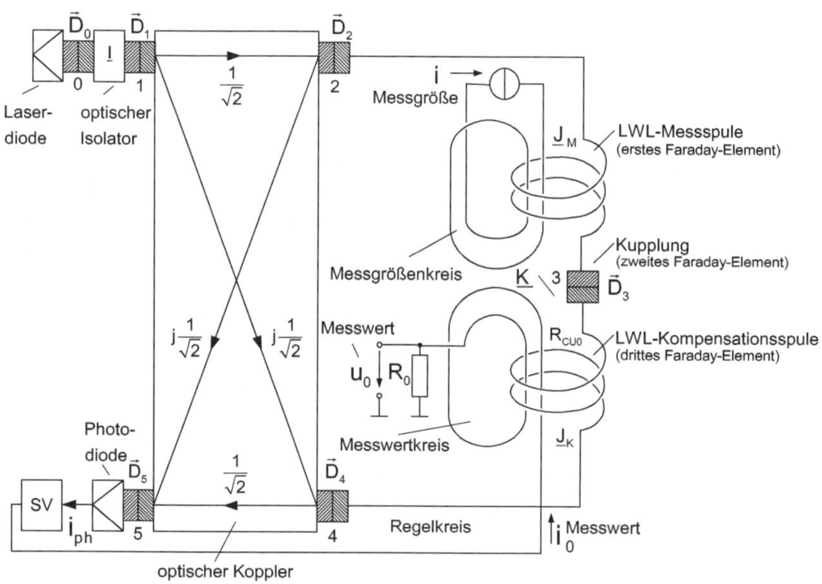

Abb. 2.2   F-Effekt-Stromsensor mit optischen Koppler und Regelkreis

Eine gleichzeitig im Vorwärts- und Rückwärts-Betrieb arbeitende erfindungs-gemäße Schaltungsanordnung nach Abb. 2.2 aus wenigen optischen und elektronischen Komponenten stellt auch den gewünschten linearen Zusammenhang zwischen Messgröße und Messwert bei Elimination der störenden Doppelbrechung der Lichtwellenleiter (LWL) und des optischen Kopplers her, die sich ansonsten vermindernd auf die Effizienz des Faraday-Effektes auswirkt.

2.2   Bisherige Lösungen und Stand der Technik

Das Problem wurde bisher von fremden Erfindern durch die Auswertung des Faraday-Effektes zur Polarisations-Ebenen-Drehung linear polarisierten Lichts im LWL, induziert durch das den stromführenden elektrischen Leiter umgebende Magnetfeld ohne Regelkreis gelöst.

Durch die eigenen Erfindungen wurde das Problem bisher nur durch eine aufwendige Signalverarbeitung im Messsystem und erheblichen Kupfereinsatz für die elektro-magnetischen Spulen gelöst.

2.3   Nachteile der bekannten Lösungen

Durch die Nachteile, dass die schwankende Doppelbrechung selbst in der Näherung im Messwert enthalten ist oder der Zusammenhang zwischen Messwert und Messgröße nichtlinear ist, lassen sich die bekannten fremden Lösungen charakterisieren. Der einzige bekannte Nachteil der bisherigen eigenen Erfindungen besteht im hohen schaltungstechnischen Aufwand.

2.4   Aufgabe der Erfindungen

Den vorgelegten Erfindungen liegt die Aufgabe zugrunde, alle Vorteile der bisherigen eigenen Erfindungen beizubehalten und den schaltungstechnischen Aufwand drastisch zu reduzieren.

2.5   Lösung der Aufgabe durch die Erfindungen

2.5.1   Stromsensor mit Modenmischer und Regelkreis

Erfindungsgemäß wird diese Aufgabe beim Stromsensor mit Modenmischer und Regelkreis gelöst durch:

1. Bereitstellung der für die Anwendung des Faraday-Effektes benötigten linearen Polarisation durch einen optischen Isolator, der nach der Laserdiode in Übertragungsrichtung bei beliebiger Polarisation ihres Ausgangssignals sowieso vorhanden sein muss und damit Einsparung sämtlicher Polarisatoren.
2. Verwendung des Transmissionsprinzips für LWL-Messspule und Kompensationsspule mit zwischengeschaltetem Modenmischer und damit Vermeidung von optischen Kopplern und Spiegeln für das Reflexionsprinzip.
3. Applikation eines Regelkreises unter Einbeziehung einer einzigen Kupferspule zur Herstellung des linearen Zusammenhangs zwischen Messwert i_0 Messgröße i bei extrem einfacher Signalverarbeitungseinheit nach Abb. 2.3, bestehend aus einer Fotodiode, einem Operationsverstärker mit Leistungs-Endstufe und zwei Widerständen sowie einem Netzteil und damit Vermeidung von Integratoren.

2.5.2   Stromsensor mit Koppler und Regelkreis

Alternativ zu Abb. 2.1 und 2.3 wird diese Aufgabe durch die Schaltungsanordnung eines Faraday-Effekt-Stromsensors mit optischen Koppler und Regelkreis im Vorwärts- und Rückwärts-Betrieb nach Abb. 2.2 und die Signalverarbeitungseinheit nach Abb. 2.4 gelöst.

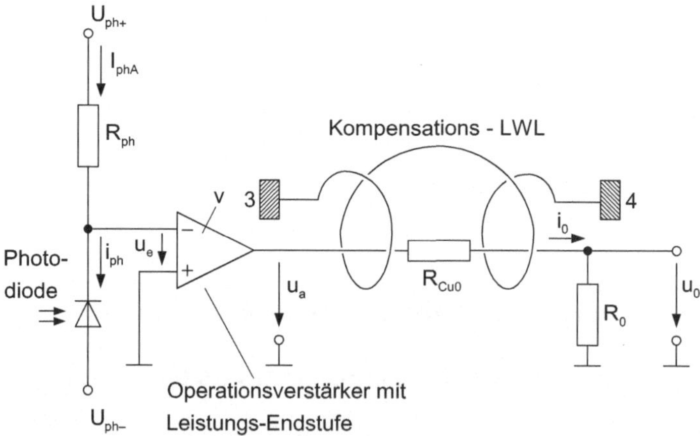

Abb. 2.3 Signalverarbeitungseinheit für den Faraday-Effekt-Stromsensor mit Modenmischer und Regelkreis

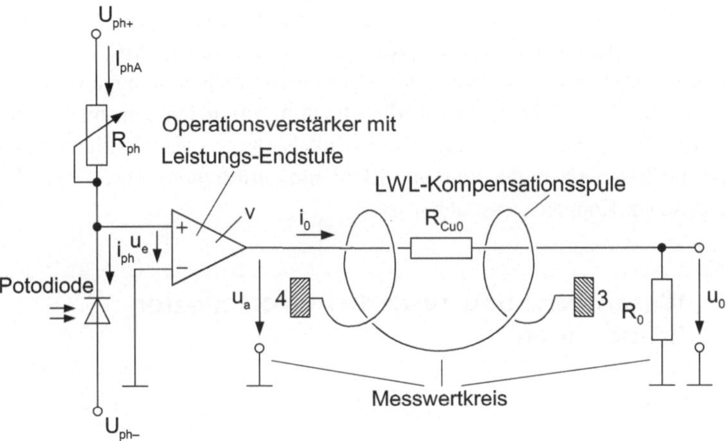

Abb. 2.4 Signalverarbeitungseinheit für den Faraday-Effekt-Stromsensor mit optischen Koppler und Regelkreis

2.6 Neues und Kern der Erfindungen

Das wesentlich Neue der ersten Erfindung ist darin zu sehen, dass alle Vorteile früherer Patente des Autors beibehalten werden und der frühere hohe schaltungstechnische Aufwand durch die Kombination eines Modenmischers und eines Regelkreises hier vermieden wird.

Der Kern der Erfindung ist in der gleichzeitigen Applikation der folgenden Ideen zu sehen:

1. Automatische Elimination der Doppelbrechung aus der Lösung einer quadratischen Gleichung,
2. Verwendung <u>eines</u> Regelkreises mit optischer Rückkopplung zur Herstellung des linearen Zusammenhangs zwischen Messwert i_0 und Messgröße i,
3. Platzierung der die Doppelbrechung bestimmenden Terme außerhalb des Terms in der quadratischen Gleichung, der den linearen Zusammenhang zwischen Messwert und Messgröße herstellt, im Zusammenwirken mit einem konstant gehaltenen Fotostrom.
4. Automatische Elimination der bleibenden Regelabweichung, bedingt durch die Struktur der funktionsbestimmenden Lösung einer quadratischen Gleichung, ohne Verwendung von Integratoren.

Das wesentlich Neue und der Kern der zweiten Erfindung sind darin zu sehen, dass der Modenmischer im Faraday-Effekt-Stromsensor mit Modenmischer und Regelkreis durch eine um $+90°$-oder $-90°$-gedrehte Kupplung am Anschlusspunkt 3 nach Abb. 2.2 ersetzt wird, die ohnehin vorhanden sein muss, und dass die gleiche Effizienz des Faraday-Drehwinkels durch gleichzeitigen Vorwärts- und Rückwärts-Betrieb der Faraday-Elemente, ermöglicht durch den Einsatz eines optischen Kopplers, erreichbar ist.

2.7 Wesentliche und zusätzliche Vorteile der Erfindungen

Als wesentliche bzw. zusätzliche Vorteile der vorgelegten Erfindungen sind zu nennen:

- Die Messsysteme zeichnen sich durch einen einfachen Aufbau aus.
- Diese faseroptischen Stromsensoren sind auch zur potenzialgetrennten Messung elektrischer Ströme einsetzbar.
- Die Erfindungen eignen sich sowohl zur Messung kleiner Ströme im mA-Bereich als auch zur Bestimmung großer Ströme im kA-Bereich, jeweils in Abhängigkeit von der Dimensionierung der Sensoren.
- Die Sensoren sind in einem großen Frequenzbereich einsetzbar, abhängig von ihrer Dimensionierung.
- Die Herstellung der erfindungsgemäßen Stromsensoren lässt sich mit verfügbaren Bauelementen und Technologien leicht realisieren.
- Der Abgleich jedes Sensors ist mit einem als Potenziometer ausgeführten Widerstand R_{ph} leicht zu realisieren.
- Die Sensoren zeichnen sich gegenüber allen anderen faseroptischen Lösungen zur Messung elektrischer Ströme durch extrem geringe Kosten aus.

2.8 Erläuterung der Erfindungen

2.8.1 Stromsensor mit Modenmischer und Regelkreis

Optischer Teil des Sensors

Ausgehend von der erfundenen Schaltungsanordnung des Faraday-Effekt-Stromsensors mit Modenmischer und Regelkreis nach Abb. 2.1 erfolgt die Beschreibung des optischen Teils des Sensors zwischen den Anschlusspunkten 0 und 4 mithilfe des Jones-Kalküls für Licht als elektromagnetische Welle extrem hoher Frequenz.

Als Repräsentant des elektromagnetischen Feldes an der jeweiligen Koppelstelle wird die elektrische Verschiebungsflussdichte $\vec{D}$ mit Index 0 bis 4 zur mathematischen Darstellung der entsprechenden Polarisation verwendet.

Dabei setzen wir eine weitgehend beliebige Polarisation des Ausgangssignals der amplitudenstabilisierten Laserdiode am Anschlusspunkt 0, z. B. in Form zirkular polarisierten Lichtes,

$$\vec{D}_0 = \hat{D}_0 \frac{1}{\sqrt{2}} \begin{pmatrix} 1 \\ j \end{pmatrix}; \quad j = \sqrt{-1} \tag{2.1}$$

praxisrelevant voraus. In (Gl. 2.1) stellt $\hat{D}_0$ die Feldamplitude dar.

Der optische Isolator zwischen Schaltungspunkt 0 und 1 ist einerseits notwendig, um reflektiertes Licht von der Laserdiode fernzuhalten, und andererseits wird mit dem Isolator die für die Applikation des Faraday-Effektes zur Polarisations-Ebenen-Drehung linear polarisierten Lichtes benötigte Polarisation eingestellt. Die Polarisations-Ebenen-Drehung des transversalen Verschiebungsflussdichte-Vektors im Mess-Lichtwellenleiter (LWL) erfolgt ursächlich durch das die Messgröße i umgebende Magnetfeld.

Es gilt mit (Gl. 2.1) und der Jones-Matrix $\underline{I}$ des optischen Isolators

$$\underline{\vec{D}}_1 = \underbrace{\frac{1}{\sqrt{2}} \begin{pmatrix} 1 & 0 \\ 1 & 0 \end{pmatrix}}_{=\,\underline{I}} \frac{\hat{D}_0}{\sqrt{2}} \begin{pmatrix} 1 \\ j \end{pmatrix} = \underline{\underline{\frac{\hat{D}_0}{2} \begin{pmatrix} 1 \\ 1 \end{pmatrix}}} \tag{2.2}$$

als lineare Polarisation mit einem Erhebungswinkel von $+45°$.

Aufgrund der Reihenschaltung von Mess-LWL mit der Jones-Matrix $\underline{J}_M$, Modenmischer mit der Jones-Matrix $\underline{X}$ und Kompensations-LWL mit der Jones-Matrix $\underline{J}_K$ gilt für die resultierende Jones-Matrix $\underline{J}$ zwischen den Koppelstellen 1 und 4

$$\underline{J} = \underbrace{\begin{pmatrix} a_0 + jb_0 & -e_0 \\ e_0 & a_0 - jb_0 \end{pmatrix}}_{=\,\underline{J}_K} \underbrace{\begin{pmatrix} 0 & 1 \\ 1 & 0 \end{pmatrix}}_{=\,\underline{X}} \underbrace{\begin{pmatrix} a + jb & -e \\ e & a - jb \end{pmatrix}}_{=\,\underline{J}_M} \tag{2.3}$$

$$\underline{\underline{J}} = \begin{pmatrix} e(a_0 + jb_0) - e_0(a + jb) & (a_0 + jb_0)(a - jb) + ee_0 \\ (a_0 - jb_0)(a + jb) + ee_0 & e_0(a - jb) - e(a_0 - jb_0) \end{pmatrix} \tag{2.4}$$

mit

$$a_0 = \cos\left(\frac{d_0}{2}\right); \quad b_0 = \frac{\delta_0}{2}\frac{\sin(d_0/2)}{d_0/2}; \quad e_0 = \alpha_0\frac{\sin(d_0/2)}{d_0/2} \qquad (2.5)$$

$$d_0 = \sqrt{\delta_0^2 + 4\,\alpha_0^2}; \quad \delta_0 = \frac{2\pi}{\lambda}\Delta n_0 L_0 \qquad (2.6)$$

$$a = \cos\left(\frac{d}{2}\right); \quad b = \frac{\delta}{2}\frac{\sin(d/2)}{d/2}; \quad e = \alpha\frac{\sin(d/2)}{d/2} \qquad (2.7)$$

$$d = \sqrt{\delta + 4\,\alpha^2}; \quad \delta = \frac{2\pi}{\lambda}\Delta nL \qquad (2.8)$$

$$\alpha_0 = VN_0 Mi_0; \quad \alpha = VNMi \qquad (2.9)$$

Dabei bedeuten:

$\delta_0,\ \delta$	Doppelbrechungsparameter des Kompensations-, Mess-LWL
$\Delta n_0,\ \Delta n$	Doppelbrechung des Kompensations-, Mess-LWL
$L_0,\ L$	Länge des Kompensations-, Mess-LWL
λ	Wellenlänge der monochromatischen Laserdiode
$\alpha_0,\ \alpha$	Faraday-Winkel im Kompensations-, Mess-LWL
V	Verdet-Konstante
$N_0,\ N$	Windungszahl des Kompensations-, Mess-LWL
$M_0,\ M$	Windungszahl der Kupfer- Spulen im Messwert-, Messgrößenkreis
$i_0,\ i$	Messwert, Messgröße (jeweils als elektrischer Strom)

Erfindungsgemäß wird unter anderem schaltungstechnisch realisiert:

$$a = a_0 \quad \text{und} \quad b = b_0 \qquad (2.10)$$

Dann gilt mit (Gl. 2.4)

$$\underline{J} = \begin{pmatrix} (e - e_0)(a + jb) & a^2 + b^2 + ee_0 \\ a^2 + b^2 + ee_0 & (e_0 - e)(a - jb) \end{pmatrix} \qquad (2.11)$$

und die transponierte, konjugiert komplexe Jones-Matrix ist

$$\underline{J'^*} = \begin{pmatrix} (e - e_0)(a - jb) & a^2 + b^2 + ee_0 \\ a^2 + b^2 + ee_0 & (e_0 - e)(a + jb) \end{pmatrix} \qquad (2.12)$$

Aus (Gl. 2.11 und 2.12) erhalten wir für die Leistungs-Transfermatrix

$$\underline{J}'^{*}\underline{J} = \left[(e - e_0)^2\left(a^2 + b^2\right) + \left(a^2 + b^2 + ee_0\right)^2 \right] \begin{pmatrix} 1 & 0 \\ 0 & 1 \end{pmatrix} \qquad (2.13)$$

In den bisherigen Gleichungen wurde die optische Gesamtdämpfung a_{opt}, bedingt durch die Dämpfungen an Koppelstellen und Lichtwellenleitern, zunächst Null gesetzt. Sie findet jedoch im Dimensionierungsbeispiel des nächsten Kapitels Berücksichtigung.

Mit den Proportionalitäten

$$P_{out} \sim \vec{D}_4'^{*}\,\vec{D}_4; \quad P_{in} \sim \widehat{D}_0^2 \qquad (2.14)$$

erhält man als Leistungsübertragungsgleichung mit (Gl. 2.2) die Formel (Gl. 2.17).

$$P_{out} \sim \vec{D}_1'^{*}\,\underline{J}'^{*}\underline{J}\,\vec{D}_1 \qquad (2.15)$$

$$P_{out} = \frac{P_{in}}{4}\left[(e - e_0)^2\left(a^2 + b^2\right) + \left(a^2 + b^2 + ee_0\right)^2 \right] \cdot \begin{pmatrix} 1 & 1 \end{pmatrix} \begin{pmatrix} 1 & 0 \\ 0 & 1 \end{pmatrix} \begin{pmatrix} 1 \\ 1 \end{pmatrix} \qquad (2.16)$$

$$P_{out} = \frac{P_{in}}{2}\left[(e - e_0)^2\left(a^2 + b^2\right) + \left(a^2 + b^2 + ee_0\right)^2 \right] \qquad (2.17)$$

Elektronischer Teil des Sensors

Als elektronischer Teil des Stromsensors wird die Signalverarbeitungseinheit für den Faraday-Effekt-Stromsensor mit Modenmischer und Regelkreis nach Abb. 2.3 bezeichnet.

Das Eingangssignal der Signalverarbeitungseinheit ist der Fotostrom

$$i_{ph} = S_E P_{out} \qquad (2.18)$$

mit S_E als Fotoempfindlichkeit.

Aus (Gl. 2.18) folgt mit (Gl. 2.17)

$$i_{ph} = \frac{S_E\,P_{in}}{2}\left[(e - e_0)^2\left(a^2 + b^2\right) + \left(a^2 + b^2 + ee_0\right)^2 \right] \qquad (2.19)$$

Um (Gl. 2.10) zu erfüllen, wird der Fotostrom schaltungstechnisch konstant gehalten.

Aus Abb. 2.3 ergibt sich

$$i_{ph} = I_{phA} = \frac{U_{ph+}}{R_{ph}} = \text{const.} \tag{2.20}$$

Daraus folgt die Dimensionierungsbedingung für den Widerstand

$$R_{ph} = \frac{U_{ph+}}{I_{phA}} \tag{2.21}$$

Eine amplitudenstabilisierte Laserdiode besitzt eine konstante optische Ausgangsleistung

$$P_{in} = \text{const.} \tag{2.22}$$

Dann gilt auch nach (Gl. 2.19) mit (Gl. 2.20)

$$e = e_0 \tag{2.23}$$

Beweis:

$$i_{ph} = I_{phA} = \frac{S_E\,P_{in}}{2}\underbrace{\left(a^2 + b^2 + e^2\right)}_{=1} = \frac{S_E\,P_{in}}{2} = \text{const.} \tag{2.24}$$

$$a^2 + b^2 + e^2 = \cos^2\left(\frac{d}{2}\right) + \underbrace{\frac{\delta^2 + 4\alpha^2}{d^2}}_{=1}\sin^2\left(\frac{d}{2}\right) \tag{2.25}$$

$$a^2 + b^2 + e^2 = \cos^2\left(\frac{d}{2}\right) + \sin^2\left(\frac{d}{2}\right) = 1 \;\text{q.e.d.} \tag{2.26}$$

Zur Herleitung von (Gl. 2.25 und 2.26) wurden die Definitionen (Gl. 2.7 und 2.8) verwendet.

Mit $e_0 = e$ folgt entsprechend (Gl. 2.5 und 2.7)

$$\alpha_0 \frac{\sin\,(d_0/2)}{d_0/2} = \alpha \frac{\sin\,(d/2)}{d/2} \tag{2.27}$$

und damit

$$d_0 = d \quad \text{und} \quad \alpha_0 = \alpha \tag{2.28}$$

Aus (Gl. 2.28) ergeben sich folgende Dimensionierungsbedingungen

$$d_0 = d \tag{2.29}$$

$$\sqrt{\delta_0^2 + 4\,\alpha_0^2} = \sqrt{\delta^2 + 4\,\alpha^2} \tag{2.30}$$

$$\sqrt{\delta_0^2 + 4\,\alpha^2} = \sqrt{\delta^2 + 4\,\alpha^2} \tag{2.31}$$

$$\rightarrow \quad \underline{\underline{\delta_0 = \delta}} \tag{2.32}$$

$$\frac{2\pi}{\lambda}\,\Delta n_0\,L_0 = \frac{2\pi}{\lambda}\,\Delta nL \tag{2.33}$$

$$\rightarrow \quad \underline{\underline{\Delta n_0 = \Delta n}} \tag{2.34}$$

$$\rightarrow \quad \underline{\underline{L_0 = L}} \tag{2.35}$$

$$\rightarrow \quad \underline{\underline{N_0 = N}} \tag{2.36}$$

Schließlich folgt aus

$$\alpha_0 = \alpha \tag{2.37}$$

$$V\,N_0\,M_0\,i_0 = V\,N\,M\,i \tag{2.38}$$

$$\rightarrow \quad \boxed{i_0 = \frac{M}{M_0}\,i = ü\,i} \tag{2.39}$$

mit dem Übersetzungsverhältnis

$$\underline{\underline{ü = \frac{M}{M_0}}} = \text{const.} \tag{2.40}$$

der lineare Zusammenhang zwischen dem Messwert i_0 und der Messgröße i ohne störende Doppelbrechungen der LWL.

Aus Abb. 2.3 folgt weiterhin

$$u_0 = R_0\,i_0 \tag{2.41}$$

$$u_0 = \underbrace{R_0 \, \ddot{u}}_{=R} \, i \tag{2.42}$$

$$\underline{\underline{u_0 = R \, i}} \tag{2.43}$$

mit

$$\underline{\underline{R = \ddot{u} \, R_0 = \text{const.}}} \tag{2.44}$$

ein linearer Zusammenhang von Messwert u_0 als elektrische Spannung und Messgröße i als elektrischer Strom.

2.8.2 Stromsensor mit Koppler und Regelkreis

Optischer Teil des Sensors

Ausgehend von Abb. 2.2 wird zunächst die resultierende Jones-Matrix $\underline{J}_V$ zwischen Anschlusspunkt 2 und 4 für den Vorwärts-Betrieb berechnet.

Es gilt wegen der Reihenschaltung von LWL-Messspule (erstes Faraday-Element), Kupplung 3 (zweites Faraday-Element) und LWL-Kompensationsspule (drittes Faraday-Element):

$$\underline{J}_V = \underline{J}_K \, \underline{K} \, \underline{J}_M = \begin{pmatrix} a_0 + jb_0 & -e_0 \\ e_0 & a_0 - jb_0 \end{pmatrix} \begin{pmatrix} 0 & -1 \\ 1 & 0 \end{pmatrix} \begin{pmatrix} a + jb & -e \\ e & a - jb \end{pmatrix} \tag{2.45}$$

$$\underline{J} = \begin{pmatrix} -e(a_0 + jb_0) - e_0(a + jb) & e_0 e - (a_0 + jb_0)(a - jb) \\ (a_0 - jb_0)(a + jb) - e_0 e & -e_0(a - jb) - e(a_0 - jb_0) \end{pmatrix} \tag{2.46}$$

mit

$$a_0 = \cos\left(\frac{d_0}{2}\right); \quad b_0 = \frac{\delta_0}{2} \frac{\sin(d_0/2)}{d_0/2}; \quad e_0 = \alpha_0 \frac{\sin(d_0/2)}{d_0/2} \tag{2.47}$$

$$d_0 = \sqrt{\delta_0^2 + 4\,\alpha_0^2}; \quad \delta_0 = \frac{2\pi}{\lambda} \Delta \, n_0 \, L_0; \quad \alpha_0 = V \, N_0 \, M_0 \, i_0 \tag{2.48}$$

$$a = \cos\left(\frac{d}{2}\right); \quad b = \frac{\delta}{2} \frac{\sin(d/2)}{d/2}; \quad e = \alpha \frac{\sin(d/2)}{d/2} \tag{2.49}$$

$$d_0 = \sqrt{\delta^2 + 4\,\alpha^2}; \quad \delta = \frac{2\pi}{\lambda} \Delta \, n \, L; \quad \alpha = V \, N \, M \, i \tag{2.50}$$

Dabei bedeuten:

δ_0, δ Doppelbrechungsparameter der LWL-Kompensationsspule, Messspule

Δn_0, Δn Doppelbrechung der LWL-Kompensationsspule, -Messspule

L_0, L LWL-Länge der Kompensationsspule, -Messspule

λ Wellenlänge des Lichtes der Laserdiode

α_0, α Faraday-Winkel in der LWL-Kompensationsspule, -Messspule

V Verdet-Konstante der LWL

N_0, N Windungszahl der LWL-Kompensationsspule, -Messspule

M_0, M Windungszahl der Kupfer- Spule im Messwert-, Messgrößenkreis

i_0, i Messwert, Messgröße (jeweils als elektrischer Strom)

Schaltungstechnisch wird realisiert

$$a_0 = a \quad \text{und} \quad b_0 = b \tag{2.51}$$

Damit ergibt sich für die Jones-Matrix $\underline{J}_V$ im Vorwärts-Betrieb

$$\underline{J}_V = \begin{pmatrix} -(e + e_0)(a + jb) & e_0 e - (a^2 + b^2) \\ a^2 + b^2 - e_0 e & -(e + e_0)(a - jb) \end{pmatrix} \tag{2.52}$$

Die Berechnung der Jones-Matrix $\underline{J}_R$ für den Rückwärts-Betrieb erfolgt durch Matrizen-Inversion.

$$\underline{J}_R = \underline{J}_M^{-1}\,\underline{K}^{-1}\,\underline{J}_K^{-1} = \begin{pmatrix} a - jb & e \\ -e & a + jb \end{pmatrix} \begin{pmatrix} 0 & 1 \\ -1 & 0 \end{pmatrix} \begin{pmatrix} a_0 - jb_0 & e_0 \\ -e_0 & a_0 + jb_0 \end{pmatrix} \tag{2.53}$$

$$\underline{J}_R = \begin{pmatrix} -e_0(a - jb) - e(a_0 - jb_0) & (a - jb)(a_0 + jb_0) - e_0 e \\ e_0 e - (a + jb)(a_0 - jb_0) & -e(a_0 + jb_0) - e_0(a + jb) \end{pmatrix} \tag{2.54}$$

Mit (Gl. 2.51) wird

$$\underline{J}_R = \begin{pmatrix} -(e + e_0)(a - jb) & a^2 + b^2 - e_0 e \\ e_0 e - (a^2 + b^2) & -(e + e_0)(a + jb) \end{pmatrix} \tag{2.55}$$

Für die Jones-Matrix $\underline{J}$ zwischen Anschlusspunkt 1 und 5 erhält man ohne Berücksichtigung der Doppelbrechung des optischen Kopplers

$$\underline{J} = \frac{1}{2}(\underline{J}_V - \underline{J}_R) = \begin{pmatrix} -j(e + e_0)b & e_0 e - (a^2 + b^2) \\ a^2 + b^2 - e_0 e & j(e + e_0)b \end{pmatrix} \tag{2.56}$$

Bei Berücksichtigung des Doppelbrechungsparameters δ_K des Kopplers gilt:

$$\underline{J}_{\delta_K} = \begin{pmatrix} e^{j\delta_K} & 0 \\ 0 & e^{-j\delta_K} \end{pmatrix} \begin{pmatrix} -j(e+e_0)b & e_0e - (a^2+b^2) \\ a^2+b^2 - e_0e & j(e+e_0)b \end{pmatrix} \begin{pmatrix} e^{j\delta_K} & 0 \\ 0 & e^{-j\delta_K} \end{pmatrix} \quad (2.57)$$

Mit (Gl. 2.57) erhält man für die Leistungs-Transfermatrix

$$\underline{J}'^*_{\delta_K}\,\underline{J}_{\delta_K} = \begin{pmatrix} e^{-j\delta_K} & 0 \\ 0 & e^{j\delta_K} \end{pmatrix} \begin{pmatrix} j(e+e_0)b & a^2+b^2 - e_0e \\ e_0e - (a^2+b^2) & -j(e+e_0)b \end{pmatrix}$$

$$\underbrace{\begin{pmatrix} e^{-j\delta_K} & 0 \\ 0 & e^{j\delta_K} \end{pmatrix} \begin{pmatrix} e^{j\delta_K} & 0 \\ 0 & e^{-j\delta_K} \end{pmatrix}}_{=\,E} \cdot$$

$$\begin{pmatrix} -j(e+e_0)b & e_0e - (a^2+b^2) \\ a^2+b^2 - e_0e & j(e+e_0)b \end{pmatrix} \begin{pmatrix} e^{j\delta_K} & 0 \\ 0 & e^{-j\delta_K} \end{pmatrix} \quad (2.58)$$

wobei

$$\underline{E} = \begin{pmatrix} 1 & 0 \\ 0 & 1 \end{pmatrix} \quad (2.59)$$

die 2×2-Einheitsmatrix darstellt.

Weiterhin folgt

$$\underline{J}'^*_{\delta_K}\underline{J}_{\delta_K} = \underline{J}'^*\underline{J} = \left[(e+e_0)^2 b^2 + \left(a^2+b^2 - e_0e\right)^2 \right] \begin{pmatrix} 1 & 0 \\ 0 & 1 \end{pmatrix} \quad (2.60)$$

Der Doppelbrechungsparameter δ_K des Kopplers wurde eliminiert, wie (Gl. 2.60) zeigt.

Da die Polarisation der amplitudenstabilisierten Laserdiode weitgehend beliebig sein kann, wird z. B. für die Verschiebungsflussdichte $\vec{D}_0$ für Licht der elektromagnetischen Welle am Anschlusspunkt 0 wie folgt angesetzt.

$$\vec{D}_0 = \frac{\widehat{D}_0}{\sqrt{2}} \begin{pmatrix} 1 \\ j \end{pmatrix} \quad (2.61)$$

Wir könnten also nach (Gl. 2.61) auch mit einer zirkularen Polarisation des Ausgangssignals der Laserdiode operieren, wobei $\widehat{D}_0$ die Feldamplitude darstellt.

Der optische Isolator liefert auf jeden Fall als Ausgangssignal $\vec{D}_1$ eine lineare Polarisation aufgrund seiner Jones-Matrix $\underline{I}$.

Es gilt

$$\vec{D}_1 = \underbrace{\frac{1}{\sqrt{2}} \begin{pmatrix} 1 & 0 \\ 1 & 0 \end{pmatrix}}_{= \underline{I}} \frac{\widehat{D}_0}{\sqrt{2}} \begin{pmatrix} 1 \\ j \end{pmatrix} = \frac{\widehat{D}_0}{2} \begin{pmatrix} 1 \\ 1 \end{pmatrix} \qquad (2.62)$$

Mit den Proportionalitäten für die optische Ausgangsleistung P_{out} am Anschluss-punkt 5 und die optische Eingangsleistung P_{in} am Anschlusspunkt 0, entspre-chend (Gl. 2.63 und 2.64)

$$P_{out} \sim \vec{D}_5^{\prime *} \vec{D}_5 = \vec{D}_1^{\prime *} \underline{J}^* \underline{J} \vec{D}_1 \qquad (2.63)$$

$$P_{in} \sim \widehat{D}_0^2 \qquad (2.64)$$

ergibt sich die Leistungs-Übertragungsgleichung nach (Gl. 2.66).

$$P_{out} = \frac{P_{in}}{4} \left[(e + e_0)^2 b^2 + \left(a^2 + b^2 - e_0 e \right)^2 \right] \cdot (1 \; 1) \begin{pmatrix} 1 & 0 \\ 0 & 1 \end{pmatrix} \begin{pmatrix} 1 \\ 1 \end{pmatrix} \qquad (2.65)$$

$$P_{out} = \frac{P_{in}}{2} \left[(e + e_0)^2 b^2 + \left(a^2 + b^2 - e_0 e \right)^2 \right] \qquad (2.66)$$

Elektronischer Teil des Sensors

Mit der Fotoempfindlichkeit S_E der Fotodiode am Anschlusspunkt 5 und der opti-schen Ausgangsleistung P_{out} ergibt sich für den Fotostrom in Abb. 2.4

$$i_{ph} = S_E \, P_{out} \qquad (2.67)$$

bzw. mit (Gl. 2.66)

$$i_{ph} = \frac{S_E \, P_{in}}{2} \left[(e + e_0)^2 b^2 + \left(a^2 + b^2 - e_0 e \right)^2 \right] \qquad (2.68)$$

Schaltungstechnisch wird realisiert

$$i_{ph} = I_{phA} = \frac{U_{ph+}}{R_{ph}} = \text{const.} \qquad (2.69)$$

Daraus ergibt sich die Dimensionierungsbedingung für den Arbeitswiderstand der Fotodiode

$$R_{ph} = \frac{U_{ph+}}{I_{phA}} \tag{2.70}$$

Weiterhin gilt dann auch

$$\underline{\underline{e_0 = -e}} \tag{2.71}$$

Beweis:

$$i_{ph} = I_{phA} = \frac{S_E\,P_{in}}{2} \underbrace{\left(a^2 + b^2 + e^2\right)}_{=1} = \frac{S_E\,P_{in}}{2} = \text{const.} \tag{2.72}$$

Beweis:

$$a^2 + b^2 + e^2 = \cos^2\left(\frac{d}{2}\right) + \underbrace{\frac{\delta^2 + 4\alpha^2}{d^2}}_{=1} \sin^2\left(\frac{d}{2}\right) \tag{2.73}$$

$$= \cos^2\left(\frac{d}{2}\right) + \sin^2\left(\frac{d}{2}\right) = 1 \quad \text{q.e.d.} \tag{2.74}$$

Des Weiteren folgt mit $e_0 = -e$:

$$e_0 = \alpha_0\,\frac{\sin\left(d_0/2\right)}{d_0/2} = -e = -\alpha\,\frac{\sin\left(d/2\right)}{d/2} \tag{2.75}$$

$$\rightarrow \quad d_0 = d \quad \text{und} \quad \alpha_0 = -\alpha \tag{2.76}$$

$$\sqrt{\delta_0^2 + 4\,\alpha_0^2} = \sqrt{\delta^2 + 4\,\alpha^2} \tag{2.77}$$

$$\rightarrow \quad \delta_0 = \delta \tag{2.78}$$

$$\frac{2\pi}{\lambda}\,\Delta n_0\,L_0 = \frac{2\pi}{\lambda}\,\Delta n L \tag{2.79}$$

Man muss also realisieren:

$$\Delta n_0 = \Delta n \tag{2.80}$$

$$L_0 = L \tag{2.81}$$

$$N_0 = N \tag{2.82}$$

$$\alpha_0 = V\,N_0\,M_0\,i_0 = -\alpha = -V\,N\,M\,i \tag{2.83}$$

$$N_0 = N: \quad M_0\,i_0 = -\,M\,i \tag{2.84}$$

$$\rightarrow \quad i_0 = -\frac{M}{M_0}\,i = -\ddot{u}\,i \tag{2.85}$$

(Gl. 2.85) beschreibt den linearen Zusammenhang zwischen dem Messwert i_0 und der Messgröße i, wobei

$$\ddot{u} = \frac{M}{M_0} \tag{2.86}$$

das konstante Übersetzungsverhältnis darstellt.

Mithilfe des Widerstandes R_0 erhält man als weiteren Messwert die elektrische Spannung u_0 entsprechend

$$u_0 = R_0\,i_0 = -\ddot{u}\,R_0\,i \tag{2.87}$$

$$\rightarrow \quad u_0 \sim -\,i \tag{2.88}$$

aus Abb. 2.4.
Es wird gesetzt:

$$R = \ddot{u}\,R_0 \tag{2.89}$$

Damit gilt letztendlich

$$\underline{\underline{u_0 = -R\,i}} \tag{2.90}$$

Dimensionierungsbeispiele 3

Die nachfolgenden Beispiele zeigen praxisrelevante Dimensionierungen der erfindungsgemäßen Faraday-Effekt-Stromsensoren sowohl mit Modenmischer und Regelkreis als auch mit optischen Koppler und Regelkreis, dargestellt in Kurzform.

3.1 Stromsensor mit Modenmischer und Regelkreis

3.1.1 Übersetzungsverhältnis und Windungszahl

Gegeben:

$$\widehat{i} = 500 \text{ A}; \quad \widehat{i_0} = 500 \text{ mA}; \quad M = 1$$

Gesucht:

$$\ddot{u}, \quad M_0$$

Lösung:

$$\underline{\underline{\ddot{u}}} = \frac{\widehat{i_0}}{\widehat{i}} = \underline{\underline{10^{-3}}} \tag{3.1}$$

$$\underline{\underline{M_0}} = \frac{M}{\ddot{u}} = \underline{\underline{1000}} \tag{3.2}$$

© Springer Fachmedien Wiesbaden GmbH 2017
R. Thiele, *Effiziente Faraday-Effekt-Stromsensoren*, essentials,
DOI 10.1007/978-3-658-19092-7_3

3.1.2 Optische Ausgangsleistung und Fotostrom im Arbeitspunkt

Gegeben:

$$a_{opt} = 1{,}5 \text{ dB}; \quad S_E = 0{,}8 \, \frac{A}{W}; \quad P_{in} = 100 \, \mu W$$

Gesucht:

$$P_{out}, \quad I_{phA}$$

Lösung:

$$\underline{\underline{P_{out}}} = 10^{-\frac{a_{opt}}{10 \, dB}} \, \frac{P_{in}}{2} = \underline{\underline{35{,}4 \, \mu W}} \tag{3.3}$$

$$\underline{\underline{I_{phA}}} = S_E P_{out} = \underline{\underline{28{,}3 \, \mu A}} \tag{3.4}$$

3.1.3 Widerstand zur Arbeitspunkteinstellung der Fotodiode

Gegeben:

$$U_{ph+} = -U_{ph-} = 15 \, V; \quad I_{phA} = 28{,}3 \, \mu A$$

Gesucht:

$$R_{ph}$$

Lösung:

$$\underline{\underline{R_{ph}}} = \frac{U_{ph+}}{I_{phA}} = \underline{\underline{530 \, k\Omega}} \tag{3.5}$$

3.1.4 Kupferwiderstand der Kompensationsspule

Gegeben:

$$\text{æ} = 56 \, \frac{Sm}{mm^2}, \quad \ell = 700 \, m, \quad A = 0{,}44 \, mm^2$$

Gesucht:

$$R_{Cu0}$$

Lösung:

$$R_{Cu0} = \frac{\ell}{\text{æ}\,A} = 28{,}4\ \Omega \tag{3.6}$$

3.1.5   Messwert-Wandlungswiderstand, OPV-Aussteuergrenze und Übertragungswiderstand

Gegeben:

$$\widehat{u}_0 = 5\ V; \quad \widehat{i}_0 = 500\ mA; \quad R_{Cu0} = 28{,}4\ \Omega$$

$$\ddot{u} = 10^{-3}$$

Gesucht:

a) Messwert-Wandlungs-Widerstand R_0
b) OPV-Aussteuergrenze $\widehat{u}_a$
c) Übertragungs-Widerstand R

Lösung:

$$\text{a) } R_0 = \frac{\widehat{u}_0}{\widehat{i}_0} = 10\ \Omega \tag{3.7}$$

$$\text{b) } \frac{\widehat{u}_a}{\widehat{u}_0} = 1 + \frac{R_{Cu0}}{R_0} = 3{,}84 \tag{3.8}$$

$$\widehat{u}_a = 3{,}84\ \widehat{u}_0 = 19{,}2\ V \tag{3.9}$$

$$\text{c) } R = \ddot{u}\,R_0 = 10\ m\Omega = 0{,}01\ \Omega \tag{3.10}$$

3.1.6   Aussteuergrenzen für den Fotostrom

a) Aussteuergrenzen vom elektronischen Teil
Gegeben:

$$u_{amax} = 19{,}2\ V; \quad u_{amin} = -19{,}2\ V;$$

$$v = -10^4; \quad U_{ph+} = 15\ V; \quad R_{ph} = 530\ k\Omega$$

Gesucht:

$$u_{emin}; \quad u_{emax}; \quad i_{phmin}; \quad i_{phmax}$$

Lösung:

$$\underline{\underline{u_{emin}}} = \frac{u_{amax}}{v} = \underline{\underline{-1{,}92 \text{ mV}}} \tag{3.11}$$

$$\underline{\underline{u_{emax}}} = \frac{u_{amin}}{v} = \underline{\underline{1{,}92 \text{ mV}}} \tag{3.12}$$

$$\underline{\underline{i_{phmin}}} = \frac{U_{ph+} - u_{emax}}{R_{ph}} = \underline{\underline{28{,}298 \text{ } \mu A}} \tag{3.13}$$

$$\underline{\underline{i_{phmax}}} = \frac{U_{ph+} - u_{emin}}{R_{ph}} = \underline{\underline{28{,}306 \text{ } \mu A}} \tag{3.14}$$

b) **Aussteuergrenzen vom optischen Teil**
Gegeben:

$$V = 1{,}247 \cdot 10^{-7} A^{-1}; \quad S_E = 0{,}8 \frac{A}{W}; \quad \widehat{i} = 500 \text{ A};$$

$$N = N_0 = M_0 = 1000; \quad M = 1; \quad P_{in} = 100 \text{ } \mu W;$$

$$i_0 = 0 \quad \rightarrow \quad \alpha_0 = 0; \quad \Delta n = \Delta n_0 = 10^{-9}; \quad \lambda = 1{,}55 \text{ } \mu m;$$

$$a_{opt} = 1{,}5 \text{ dB}; \quad \ddot{u} = 10^{-3}; \quad L = L_0 = 1 \text{ km}; \quad e_0 = 0$$

Gesucht:

$$\delta = \delta_0; \quad \widehat{\alpha}; \quad d; \quad d_0; \quad a_0; \quad a; \quad b_0; \quad b; \quad \widehat{e}; \quad \widehat{P}_{out}; \quad \widehat{i}_{ph}$$

Lösung:

$$\underline{\underline{\delta = \delta_0}} = \frac{2\pi}{\lambda} \Delta nL = \frac{2\pi}{\lambda} \Delta n_0 L_0 = \underline{\underline{4{,}05}} \tag{3.15}$$

$$\underline{\underline{\widehat{\alpha}}} = V \, N \, M \, \widehat{i} = \underline{\underline{0{,}06235}} \, \widehat{=} \, \underline{\underline{3{,}57^\circ}} \tag{3.16}$$

Wird eine größere Effizienz der Faraday-Drehung gewünscht, muss man die Windungszahlen $N = N_0$ gleichermaßen hochsetzen.

$$\underline{\underline{d}} = \sqrt{\delta^2 + 4\,\widehat{\alpha}^2} \approx \underline{\underline{4{,}05}} \approx \delta \tag{3.17}$$

$$\underline{\underline{d_0}} = \sqrt{\delta_0^2 + 0} = \underline{\underline{\delta_0 = 4{,}05}} \tag{3.18}$$

$$\underline{\underline{a_0}} = \cos\left(\frac{d_0}{2}\right) = \underline{\underline{-0{,}4387}} \tag{3.19}$$

$$\underline{\underline{a}} = \cos\left(\frac{d}{2}\right) = \underline{\underline{-0{,}4387}} \tag{3.20}$$

$$\underline{\underline{b_0}} = \frac{\delta_0}{2}\,\frac{\sin(d_0/2)}{d_0/2} = \sin(\delta_0/2) = \underline{\underline{0{,}8986}} \tag{3.21}$$

$$\underline{\underline{b}} = \frac{\delta}{2}\,\frac{\sin(d/2)}{d/2} \approx \sin(\delta/2) = \underline{\underline{0{,}8986}} \tag{3.22}$$

Aus (Gl. 3.19) bis (Gl. 3.22) erkennt man, dass die Bedingungen

$$\underline{a = a_0 = -0{,}4387} \quad \text{und} \quad \underline{b = b_0 = 0{,}8986} \tag{3.23}$$

in guter Näherung erfüllt sind.

$$\underline{\underline{\hat{e}}} = \hat{\alpha}\,\frac{\sin(d/2)}{d/2} \approx \hat{\alpha}\frac{\sin(\delta/2)}{\delta/2} = \underline{\underline{0{,}02767}} \tag{3.24}$$

$$\underline{\underline{\hat{P}_{\text{out}}}} = 10^{-\frac{a_{\text{opt}}}{10\,\text{dB}}}\,\frac{P_{\text{in}}}{2}\left(a^2 + b^2\right)\underbrace{\left[e^2 + a^2 + b^2\right]}_{=1{,}0007\approx 1} = \underline{\underline{35{,}4\ \mu\text{W}}} \tag{3.25}$$

$$\underline{\underline{\hat{i}_{\text{ph}}}} = S_E\,\hat{P}_{\text{out}} = \underline{\underline{28{,}32\ \mu\text{A}}} \tag{3.26}$$

Damit ist die Konstanz des Fotostromes in guter Näherung gewährleistet, denn es gilt, herrührend vom

$$\underline{\text{elektronischen Teil}} \qquad \underline{\text{optischen Teil}}$$
$$\underline{\hat{i}_{\text{ph}} = 28{,}31\ \mu\text{A}} \approx I_{\text{phA}} = 28{,}3\ \mu\text{A} \approx \underline{28{,}32\ \mu\text{A} = \hat{i}_{\text{ph}}} \tag{3.27}$$

c) **Wirkungsumkehr im Regelkreis**

Zum Beweis der Wirkungsumkehr im Regelkreis wird folgende Wirkungskette
angegeben:

$$i\uparrow\to\alpha\uparrow\to e\uparrow\to i_{ph}\uparrow\to u_e\downarrow\to u_a\uparrow\to i_0\uparrow$$

$$\alpha_0\uparrow\to e_0\uparrow\to i_{ph}\downarrow\to u_e\uparrow\to u_a\downarrow\to i_0\downarrow \tag{3.28}$$

$$\alpha_0\downarrow\to e_0\downarrow\to i_{ph}\uparrow\to u_e\downarrow\to u_a\uparrow\to i_0\uparrow$$

usw.

3.2   Stromsensor mit Koppler und Regelkreis

3.2.1   Übersetzungsverhältnis und Windungszahl

Gegeben:

$$\widehat{i} = 500\ \text{A}; \quad \widehat{i_0} = 500\ \text{mA}; \quad M = 1$$

Gesucht:

$$\ddot{u}; \quad M_0$$

Lösung:

$$\underline{\underline{\ddot{u}}} = \frac{\widehat{i_0}}{\widehat{i}} = \underline{\underline{10^{-3}}} \tag{3.29}$$

$$\underline{\underline{M_0}} = \frac{M}{\ddot{u}} = \underline{\underline{1000}} \tag{3.30}$$

3.2.2 Optische Ausgangsleistung und Fotostrom im Arbeitspunkt

Gegeben:

$$a_{opt} = 3 \text{ dB}; \quad S_E = 0{,}8 \; \frac{A}{W} \; ; \quad P_{in} = 100 \; \mu W$$

Gesucht:

$$P_{out}, \quad I_{phA}$$

Lösung:

$$\underline{\underline{P_{out}}} = 10^{-\frac{a_{opt}}{10 \text{ dB}}} \; \frac{P_{in}}{2} = \underline{\underline{25 \; \mu W}} \qquad (3.31)$$

$$\underline{\underline{I_{phA}}} = S_E \, P_{out} = \underline{\underline{20 \; \mu A}} \qquad (3.32)$$

Dabei stellt a_{opt} die optische Gesamtdämpfung dar, die zusätzlich berücksichtigt werden muss.

3.2.3 Widerstand zur Arbeitspunkteinstellung der Fotodiode

Gegeben:

$$U_{ph+} = -U_{ph-} = 15 \text{ V}; \quad I_{phA} = 20 \; \mu A$$

Gesucht:

$$R_{ph}$$

Lösung:

$$\underline{\underline{R_{ph}}} = \frac{U_{ph+}}{I_{phA}} = \underline{\underline{750 \text{ k}\Omega}} \qquad (3.33)$$

3.2.4 Kupferwiderstand der Kompensationsspule

Gegeben:

$$\text{æ} = 56 \; \frac{Sm}{mm^2}, \quad \ell = 700 \text{ m}, \quad A = 0{,}44 \text{ mm}^2$$

Lösung:

$$\underline{\underline{R_{Cu0}}} = \frac{\ell}{\ae\, A} = \underline{\underline{28{,}4\ \Omega}} \tag{3.34}$$

3.2.5 Messwert-Wandlungswiderstand, OPV-Aussteuergrenze und Übertragungswiderstand

Gegeben:

$$\widehat{u}_0 = 5\ \text{V}; \quad \widehat{u}_0 = 500\ \text{mA}; \quad R_{Cu0} = 28{,}4\ \Omega; \quad \ddot{u} = 10^{-3}$$

Gesucht:

$$R_0; \quad \widehat{u}_a; \quad R$$

Lösung:

    Messwert-Wandlungswiderstand:

$$\underline{\underline{R_0}} = \frac{\widehat{u}_0}{\widehat{i}_0} = \underline{\underline{10\ \Omega}} \tag{3.35}$$

$$\underline{\underline{\frac{\widehat{u}_a}{\widehat{u}_0}}} = 1 + \frac{R_{Cu0}}{R_0} = \underline{\underline{3{,}84}} \tag{3.36}$$

OPV-Aussteuergrenze:

$$\underline{\underline{\widehat{u}_a}} = 3{,}84\,\widehat{u}_0 = \underline{\underline{19{,}2\ \text{V}}} \tag{3.37}$$

Übertragungswiderstand:

$$\underline{\underline{R}} = \ddot{u}\,R_0 = \underline{\underline{10\ \text{m}\Omega}} = \underline{\underline{0{,}01\ \Omega}} \tag{3.38}$$

3.2.6 Aussteuergrenzen für den Fotostrom

a) **Aussteuerungsgrenzen, herrührend vom elektronischen Teil des Sensors**
Gegeben:

$$u_{amax} = 19{,}2\ \text{V}; \quad u_{amin} = -19{,}2\ \text{V};$$

$$v = 10^4$$

Gesucht:

$$u_{emin}; \quad u_{emax}; \quad i_{phmin}; \quad i_{phmax}$$

Lösung:

$$\underline{\underline{u_{emin}}} = \frac{u_{amin}}{V} = \underline{\underline{-1,92 \text{ mV}}} \tag{3.39}$$

$$\underline{\underline{u_{emax}}} = \frac{u_{amax}}{V} = \underline{\underline{1,92 \text{ mV}}} \tag{3.40}$$

$$\underline{\underline{i_{phmin}}} = \frac{U_{ph+} - u_{emax}}{R_{ph}} = \underline{\underline{19,997 \text{ } \mu A}} \tag{3.41}$$

$$\underline{\underline{i_{phmax}}} = \frac{U_{ph+} - u_{emin}}{R_{ph}} = \underline{\underline{20,003 \text{ } \mu A}} \tag{3.42}$$

b) Aussteuergrenzen, herrührend vom optischen Teil des Sensors
Gegeben:

$$V = 1{,}247 \cdot 10^{-7} A^{-1}; \quad S_E = 0{,}8 \frac{A}{W}; \quad \widehat{i} = 500 \text{ A};$$

$$N = N_0 = M_0 = 1000; \quad M = 1; \quad P_{in} = 100 \text{ } \mu W;$$

$$i_0 = 0 \quad \rightarrow \quad \alpha_0 = 0 \quad \rightarrow \quad e_0 = 0; \quad \Delta n = \Delta n_0 = 10^{-9}; \quad \lambda = 1{,}55 \text{ } \mu m;$$

$$a_{opt} = 3 \text{ dB}; \quad \ddot{u} = 10^{-3}; \quad L = L_0 = 1 \text{ km}$$

Gesucht:

$$\delta = \delta_0; \quad \widehat{\alpha}; \quad d; \quad d_0; \quad a_0; \quad a; \quad b_0; \quad b; \quad \widehat{e}; \quad \widehat{P}_{out}; \quad \widehat{i}_{ph}$$

Lösung:

$$\underline{\underline{\delta = \delta_0}} = \frac{2\pi}{\lambda} \Delta n_0 L_0 = \frac{2\pi}{\lambda} \Delta n L = \underline{\underline{4,05}} \tag{3.43}$$

$$\underline{\underline{\widehat{\alpha}}} = V \text{ N M } \widehat{i} = \underline{\underline{0,06235}} \; \widehat{=} \; \underline{\underline{3,57^\circ}} \tag{3.44}$$

Wird eine größere Effizienz der Faraday-Drehung gewünscht, muss man die Windungszahlen $N = N_0$ gleichermaßen hochsetzen.

$$\underline{\underline{d}} = \sqrt{\delta^2 + 4\,\widehat{\alpha}^2} \approx \underline{\underline{4,05}} \approx \delta \tag{3.45}$$

$$\underline{\underline{d_0}} = \sqrt{\delta_0^2 + 0} = \underline{\underline{\delta_0 = 4,05}} \tag{3.46}$$

$$\underline{\underline{a_0}} = \cos\left(\frac{d_0}{2}\right) = \underline{\underline{-0{,}4387}} \tag{3.47}$$

$$\underline{\underline{a}} = \cos\left(\frac{d}{2}\right) = \underline{\underline{-0{,}4387}} = \underline{\underline{a_0}} \tag{3.48}$$

$$\underline{\underline{b_0}} = \frac{\delta_0}{2}\,\frac{\sin(d_0/2)}{d_0/2} = \sin(\delta_0/2) = \underline{\underline{0{,}8986}} \tag{3.49}$$

$$\underline{\underline{b}} = \frac{\delta}{2}\,\frac{\sin(d/2)}{d/2} \approx \sin(\delta/2) = \underline{\underline{0{,}8986}} = \underline{\underline{b_0}} \tag{3.50}$$

$$\underline{\underline{\hat{e}}} = \hat{\alpha}\frac{\delta}{2}\,\frac{\sin(d/2)}{d/2} \approx 2\hat{\alpha}\frac{\sin(\delta/2)}{\delta} = \underline{\underline{0{,}02767}} \tag{3.51}$$

$$\widehat{P}_{out} = \frac{P_{in}}{2}\left[\hat{e}^2\,b^2 + \left(a^2 + b^2\right)^2\right] 10^{-\frac{a_{opt}}{10\,dB}} \tag{3.52}$$

$$\underline{\underline{\widehat{P}_{out}}} = \underline{\underline{25{,}072\ \mu W}} \tag{3.53}$$

$$\underline{\underline{\hat{i}_{ph}}} = S_E\,\widehat{P}_{out} = \underline{\underline{20{,}057\ \mu A}} \tag{3.54}$$

Damit gilt zusammenfassend:

Aussteuerung des Fotostromes, herrührend vom

        <u>elektronischen Teil</u>   <u>optischen Teil</u>

$$\underline{\underline{\widehat{i}_{ph} = 20{,}003\ \mu A}} \approx \underline{\underline{I_{phA} = 20\ \mu A}} \approx \underline{\underline{20{,}057\ \mu A = \widehat{i}_{ph}}} \tag{3.55}$$

Die Kalibrierung des Stromsensors erfolgt bei Inbetriebnahme des Sensors mit dem Potenziometer R_{ph}.

Zusammenfassung 4

Das vorgelegte *essential* beschreibt zwei Schaltungsanordnungen zur potenzialgetrennten Messung elektrischer Ströme beliebiger Zeitfunktion mithilfe des Faraday-Effektes zur Polarisations-Ebenen-Drehung linear polarisierten Lichtes in Lichtwellenleitern (LWL). Dabei findet das Kompensationsprinzip für Magnetfelder mit zwei LWL-Spulen zur Elimination der störenden Doppelbrechung im Zusammenwirken mit einem Regelkreis für den zur Messgröße proportionalen Messwert Verwendung.

Der Faraday-Effekt-Stromsensor mit Modenmischer und Regelkreis zeichnet sich durch einen einfachen Aufbau ohne Polarisatoren, optische Koppler, Spiegel und Integratoren gegenüber früheren Erfindungen des Autors aus. Deshalb ist dieser Sensor extrem kostengünstig und somit praxisrelevant.

Weiterhin handelt es sich um einen Faraday-Effekt-Stromsensor mit einem optischen Koppler und einem Regelkreis. Der Sensor zeichnet sich ebenfalls durch einen sehr geringen Schaltungsaufwand und damit geringen Kosten aus, der im Gegensatz zu anderen Lösungen weder Polarisatoren, Spiegel, Modenmischer noch Integratoren für seine Funktion benötigt.

© Springer Fachmedien Wiesbaden GmbH 2017   31
R. Thiele, *Effiziente Faraday-Effekt-Stromsensoren,* essentials,
DOI 10.1007/978-3-658-19092-7_4

Was Sie aus diesem *essential* mitnehmen können

- Einsichten in das Funktionsprinzip faseroptischer Stromsensoren
- Applikationsbeispiele zum Jones-Kalkül
- Elimination der Doppelbrechung in optischen Komponenten
- Design effizienter Faraday-Effekt-Stromsensoren
- Dimensionierungsregeln für die Signalverarbeitungseinheit faseroptischer Stromsensoren

© Springer Fachmedien Wiesbaden GmbH 2017   33
R. Thiele, *Effiziente Faraday-Effekt-Stromsensoren*, essentials,
DOI 10.1007/978-3-658-19092-7

Weiterführende Literatur

Thiele, R. (1998). *Systemtheoretische Grundlagen der Lichtwellenleitertechnik. Studienheft ITI 8*. Darmstadt: Fern-Fachhochschule.

Thiele, R. (2002). *Optische Nachrichtensysteme und Sensornetzwerke. Ein systemtheoretischer Zugang*. Braunschweig: Vieweg.

Thiele, R. (2007a). *Schaltungsanordnung zur Messung elektrischer Ströme in elektrischen Leitern mit Lichtwellenleitern*. Deutsches Patent- und Markenamt, Nr. 102005003200, 19. Apr. 2007.

Thiele, R. (2007b). *Schaltungsanordnung zur Messung elektrischer Ströme in elektrischen Leitern mit Lichtwellenleitern*. Deutsches Patent- und Markenamt, Nr. 102006002301, 15. Nov. 2007.

Thiele, R. (2008). *Optische Netzwerke. Ein feldtheoretischer Zugang*. Wiesbaden: Vieweg.

Thiele, R. (2015a). *Transmittierender Faraday-Effekt-Stromsensor*. Wiesbaden: Springer.

Thiele, R. (2015b). *Reflektierender Faraday-Effekt-Stromsensor*. Wiesbaden: Springer.

Thiele, R. (2015c). *Design eines Faraday-Effekt-Stromsensors*. Wiesbaden: Springer.

Thiele, R. (2015d). *Test eines Faraday-Effekt-Stromsensors*. Wiesbaden: Springer.

Thiele, R. (2017). *Stromsensor mit zirkularem Polarisator und Regelkreis*. Wiesbaden: Springer.

Thiele, R., Winkler, C., Pohl, A., Israel, A.; & Schwarz, B. (2016). *Faseroptischer Stromsensor zur Messung elektrischer Ströme mit Kompensation der Doppelbrechung*. Deutsches Patent- und Markenamt, Nr. 102011120263, 31. März 2016.

© Springer Fachmedien Wiesbaden GmbH 2017
R. Thiele, *Effiziente Faraday-Effekt-Stromsensoren,* essentials,
DOI 10.1007/978-3-658-19092-7